U0224202

第一香筆記

［清］朱克柔　撰

文物出版社

圖書在版編目（CIP）數據

第一香筆記 / (清) 朱克柔撰. -- 北京 : 文物出版社, 2020.7
（拾瑶叢書 / 鄧占平主編）
ISBN 978-7-5010-6445-8

Ⅰ. ①第… Ⅱ. ①朱… Ⅲ. ①蘭科－花卉－觀賞園藝 Ⅳ. ①S682.31

中國版本圖書館CIP數據核字(2019)第275310號

第一香筆記 〔清〕朱克柔 撰

主　　編：鄧占平
策　　劃：尚論聰　楊麗麗
責任編輯：李縉雲　劉良函
責任印製：張道奇

出版發行：文物出版社
社　　址：北京市東直門内北小街2號樓
郵　　編：100007
網　　址：http://www.wenwu.com
郵　　箱：web@wenwu.com
經　　銷：新華書店
印　　刷：藝堂印刷（天津）有限公司
開　　本：710mm × 1000mm　1/16
印　　張：12
版　　次：2020年7月第1版
印　　次：2020年7月第1次印刷
書　　號：ISBN 978-7-5010-6445-8
定　　價：90.00圓

前言

《第一香筆記》四卷，清朱克柔撰。清嘉慶元年（一七九六）序刊本。半頁八行，行十六字，黑口，左右雙邊。

朱克柔，字文剛，號硯漁，吴郡（今江蘇蘇州）人，清代醫史學家，著有《續增古今醫史》。因『惟喜滋蘭樹蕙』，故『握不律以楮，生墨侯爲媒，舉凡見聞所及，憶記所周，條分縷晰之』，又『采輯舊聞，以類附入』，方成此書。『記中字句，俱宗唐宋説部體例』，『其餘入編者，俱係目見耳聞，信而有徵，不參臆説，亦不稍涉無稽』，言必有據。

《群芳譜》云：『江南以蘭爲香祖，又云蘭無偶，稱爲第一香。』此記本名《祖香小譜》，著者認爲『夫譜足以傳世行遠，方能副實，是編不過一時游戲之作』，故易名爲《第一香笔記》。

此書为子部譜録類，有隸書自叙、小引、正文四卷。卷一爲花品、本性，將蘭和蕙加以區分，分爲二十品進行闡述，并用擬人化的『肩、舌、捧心、花脚、鼻』等描述蘭的部位、顔色和形狀。卷二爲外相、培養，總結了品鑒標準和培養方式，參考《花史》《群芳譜》等書中各種蘭花的栽種手法和土壤水分要求。卷三爲防護、雜説，雜説中除了與蘭相關的内容外，還補充了可與蘭蕙并植的花草及滋養之法。卷四爲引證、附録，附録中還增列了燕閑清賞、花史左編建蘭三法等，『縱使尚論難憑，何必妄加删削，惟是東吴南閩，道阻且長，未得身親目睹，考核詳明，第於各譜中摘存品目，以備參觀』，集中了我國古代蘭蕙文化的精髓。

是書爲吴郡朱克柔撰，榴舫穆士華校對，鈐『克柔』『文剛』印。

中國國家圖書館　劉炳梅

二〇一九年十二月

自叙

芸生號萬造化本出

無心者好偏多人情

因坐自擾是以淵明

采鞠徒見於詩茂叔愛蓮姑存其說非玩物而喪志聊即事以寓言僕未嫻蓄特養

魚差喜滋蘭樹蕙將使堂堂白日銷磨于歌愒之中何如習習清風領畧于鹹酸而

外爰裁小記就正大方分以八門合成四卷頭盧如許媿博物亐張華艸木何知咲

多情之崔護仍蹈此
君之辟同呼石丈之
顛自怨芍藥嬉憨劇
眼頻看多動牡丹富

貴世人甚壽宜多藉
此幽貞敎其肥豔當
門莫羸允爲覓體之
芳入室如聞洵佳一

時出秀儻遇同心共

賞去莠兼方如其青

眼難逢覆瓿亦可

嘉慶元年歲次丙辰

莫春既望

朱克柔并書

小引

今春閒居杜門手植蕙花數十莖將舒而陰雨釀寒遲我花信因思愛護既切轉多爬剔褻玩之虞於是握不律以楮生墨侯爲媒舉凡見聞所及憶記所周條分縷晰之越三日而裒然可觀又爲之採輯舊聞以類附入名曰第一香筆記脫稿不十日而衆花齊放矣內開入品者一次品者三

其餘亦大率可觀回視向所植之盆蘭亦復擢茹青葱隨風宜笑若爲予誌喜也者爰有二三同志過而扣曰子嗜花而得花好必有道以處此幸勿靳不予願明以教我焉强之至再難以言蔽不得已出示此記曰是可畧窺半面矣若充類至盡神而明之存乎其人客欣然袖之去惟覺日光融融幽香滿室衆花如解語然丙辰三月

望前五日硯漁記

弓

例言

是記之作。興到筆隨。不假組織。若言花之品相。而以文筆出之。轉恐浮華失實。且近於腐。故記中字句。俱宗唐宋說部體例。

凡採集各書。備載出處。不敢沒前人之善。蹈勦說之譏也。

前人論花。其說頗有雷同。惟擇其善者

錄之。去取之閒。亦多苦心。

此記本名𥙿香小譜。夫譜足以傳世行遠。方能副實。是編不過一時遊戲之作。且恐與行世之不堪言譜而譜者混而同之。不免使花受屈矣。故易今名。

記內除摘錄前人外。其餘入編者。俱係目見耳聞。信而有徵。不參臆說。亦不稍涉無稽。

第一香筆記目錄

引證　　附錄

第一香筆記卷一

吳郡朱克柔輯著

花品

蘭品

水仙素第一　荷花素第二

梅辨素第三　水仙瓣第四

綠梅第五　紅梅第六

團瓣素第七　超瓣素第八

以上俱入品須肩平爲上

聯腮　桃腮

荷花瓣　柳葉素

三角水仙心小花硬捧蝶蘭又名疊蘭

雙蘭　品蘭

四喜蘭

蕙品

白荷花　水仙　梅瓣

綠荷花　　團瓣素
超素　　赤殼荷花
闊超　　團瓣
柳葉素　　柳葉水仙短捧心起兜者
線條素　　狹超
蟲蘭形如蜂蝶者

另列各品於左。以時尚次其先後。

蘭上品

柳梅 淨綠　　汪氏梅瓣 淨綠

蕭山荷花素　蕭山綠梅　常熟紅梅

蕙上品

萬氏梅瓣 氏一作字下同　大朱氏水仙

洪氏水仙　彩蟾梅瓣　李氏梅瓣

尤氏梅瓣　豐氏水仙　黄氏水仙

右俱官種。捧心軟硬不一。花頭極大。

外有前方氏。後方氏。小朱氏。金氏。雖

係佳種屬於次品。

蕙素上品

蕭山荷花大素　常熟大白　過江素

以上蘭蕙共計二十品。其形色難以言述。茲先舉其目。俟續刻內補繪花容。詳加註釋。庶覽者可按圖而索也。

凡蘭之兩旁大瓣。須平如一字。俗謂之一字肩。有初開平肩開久漸落者。謂之開落。

有初開平如一字。開久轉向上者。瓣花得此。最爲名貴、

水仙瓣須厚。大瓣潔淨無筋。肩平舌大而圓。捧心如蠶蛾。如豆莢。花腳細而高。鈎刺全。封邊淸。白頭重。乃爲上品。

蘭葉鐵線者、多出水仙瓣。

荷花瓣、厚而有兜。捧心、圓收根細。爲眞荷花。否則雖花瓣甚闊。不可混名也、

眞超瓣瓣厚兜深收根緊細形如超也梅瓣如梅　團瓣不尖　荷花先論收根瓣厚爲貴　水仙專看捧心白頭爲準凡舌大者復花不走　荷包舌劉海舌復勝於新

映腮不一有舌根黃光一線者有淡紅光一線者舌色純白可以亂素

桃腮有舌根淡紅者有深紅者有紫色者

舌亦純白。刺毛素舌上有細點如毫末。或黑或黃或綠。細看方見。

蕙花之關係。全在轉梐後放瓣前。無外相者有好花。眞出人意表也。

有花乍開瓣甚狹。逐漸放濶。開至三日始足。較初開濶至兩三倍者。惟荷花有此開品。

有蕊如桂花大。已出大萼在小萼內即開者。漸漸透萼。漸漸放大。此名佛手水仙。

蕙花捧心短而有兜。不論外三瓣濶狹。即名水仙。

小衣殼花瓣尖俱有倒鈎。大瓣有封邊。捧心有白頭。如觀音兜。外瓣短濶。如水仙者。爲真水仙。

蘭品高者。每盆一二十花。朶朶迎面而開。

謂之同心出於自然者爲上若花欲透殼時。三面遮蔽留一面向陽亦能迎面但須花腳高者方能如蕙之轉梍否則人工莫施也。

蘭之入品者花無指摘葉宜品題短葉在花底者爲上細葉次之若長濶葉到根處必須緊細方有隨風婀娜之妙美人芳草言其情也。

花鄜宜長。出土五六寸者為上。亭亭挺秀。想見不與衆草為伍之意。蜂採百花俱置股間。惟蘭則拱背入房以獻於王。物亦知蘭之貴如此。見羣芳譜。于若瀛云。一莖一花者曰蘭。宜興山中特多。南京杭州俱有。雖不足貴。香自可愛。宜多種盆中。今日絕重建蘭。却只是蕙。見古人畫蘭殊不爾。虎邱戈生曾致一本葉稀

而長稍粗於輿蘭出數蕊正春初開花特大於常蘭香倍之經月不凋酷似馬遠所畫戈云得之他方今尚活花時當廣求此種以備春蘭之極品

蘭紫梗青花者爲上青梗青花者次之紫梗紫花者又次之餘不入品花史指建花說

常熟有萬氏水仙由萬姓始得種也大花瓣濶而微長捧心如鷄豆殼之半花色帶

黃。白綠殼。此與蘭之高品也。

蘭品高於蕙。人之視蘭。若不經意。於蕙獨奔走恐後者。由嘉種不易得。或誇目力。或執意見。彼此揣度。議論短長。究之空言無補耳。蘭之入品者。亦不易得。使培養如法。花能不斷。不比蕙之難於發剪也。故樹蕙不若滋蘭。擇蘭之入品者。或次品者。盡心培養。積五六年之久。極其茂美。每盆十餘花或數十花。和風習習。滿坐生香。不亦賞心樂事乎。余於陸墓陳氏見素花數種。內荷花素一盆。發花三十餘。剪真神品也。故論及之。

花有開品。放瓣愈遲愈妙。若蕙花如此開法。其花必好。

花梗挺直。排鈴時短簪橫挺。隔一兩日方始轉梡向上者。亦是妙品。

昔人論書畫。分神妙能三品。竊謂蘭蕙之品不一。亦可以此概之。至於蝶蘭三瓣蘭元寶蘭以及蕙花中有蟲形及金色朱色之類。並可以逸品異品稱之。

前于若瀛所見戈生之蘭。即建花中所謂弱腳是也。彼云入臘方開。此云正春初開。係同時而略有先後耳。可見前人愛玩不專。致令考核失實。使後人心目中別有異

於常蘭者在竊恐於蘇杭間雖廣求之未能得也

雙蘭品字四喜等品必須剪剪如此方爲可貴若偶發一剪因得山之旺氣而然不能復出

水仙取鈎刺者由水仙花瓣上有倒鈎故也故於鐵線葉外有葉梢圓而不尖者亦開水仙由其葉類水仙故也造物滋生其

理莫解。或由氣化所感。故能相肖歟。外此如荷花梅瓣。必得兜收厚兼全。方能入品超瓣柳葉線條。花之下者也。惟素心取之。然亦分好醜。以濶厚者勝。

或問花何取肩平。曰此卽品也。肩落則逼椤歙斜。肩平則妥貼排奡。

蕙有金絲水仙。花色黃而瓣厚有稜。

或謂蘭取其芳香耳。何必漫立名目。多此

擾擾。是眞不可與言矣。夫物以罕有而見珍。亦以難得而可貴。試思儔人中有出類拔萃者。能不奉爲聖人賢人耶。

今所謂荷花。不過濶超瓣大團瓣耳。人情溺於所好。故盛稱之。何必深辯。至於品有一定。具眼人自能不爲所惑。

蕙素以外三瓣捧心舌頭。純白如水晶者爲上。外三瓣捧心色白。舌白而不亮。或起綠沙胎者次之。外三瓣捧心色綠。舌白而有沙者又次之。外三瓣捧心帶黃色。舌起綠沙胎者又次之。若內外五瓣并舌俱帶黃色者。爲下品。

蕙花中以官種水仙爲貴。由花頭極大而肩平。較之尋常水仙。迥然不同。凡白捧心上起如油灰。兼有深兜。花大如酒盃者。卽爲官種。水仙梅瓣荷花亦有官種。花特大於常品。瓣厚而不落肩。所以可貴。
蕙莖挺直。花蕋如螺旋。如寶塔。下大上小。
四面迎人者。爲最上之品。有先從頂花開
者。謂之龍放。亦屬佳品。若朝光向日者。非
所貴也。

予友黄花奴云。水仙梅瓣之重官種者。譬
諸書畫中顏柳荆關。氣渾力厚。自具一種
沉雄之概。若尋常水仙梅瓣。謂之行瓣。花

小而怯薄如文董唐仇非不可觀相形見絀矣又云有金蘭如赤金舌如硃砂爲蕙花中貴重之品數十年偶然一出目所僅見存之以待將來核實

梅瓣瓣尖縮入惟外瓣兜不能深與上品水仙不分高下

水仙有捧心合并一塊俗名連肩搭背者非上品也有舌在捧心內不舒吐者謂之

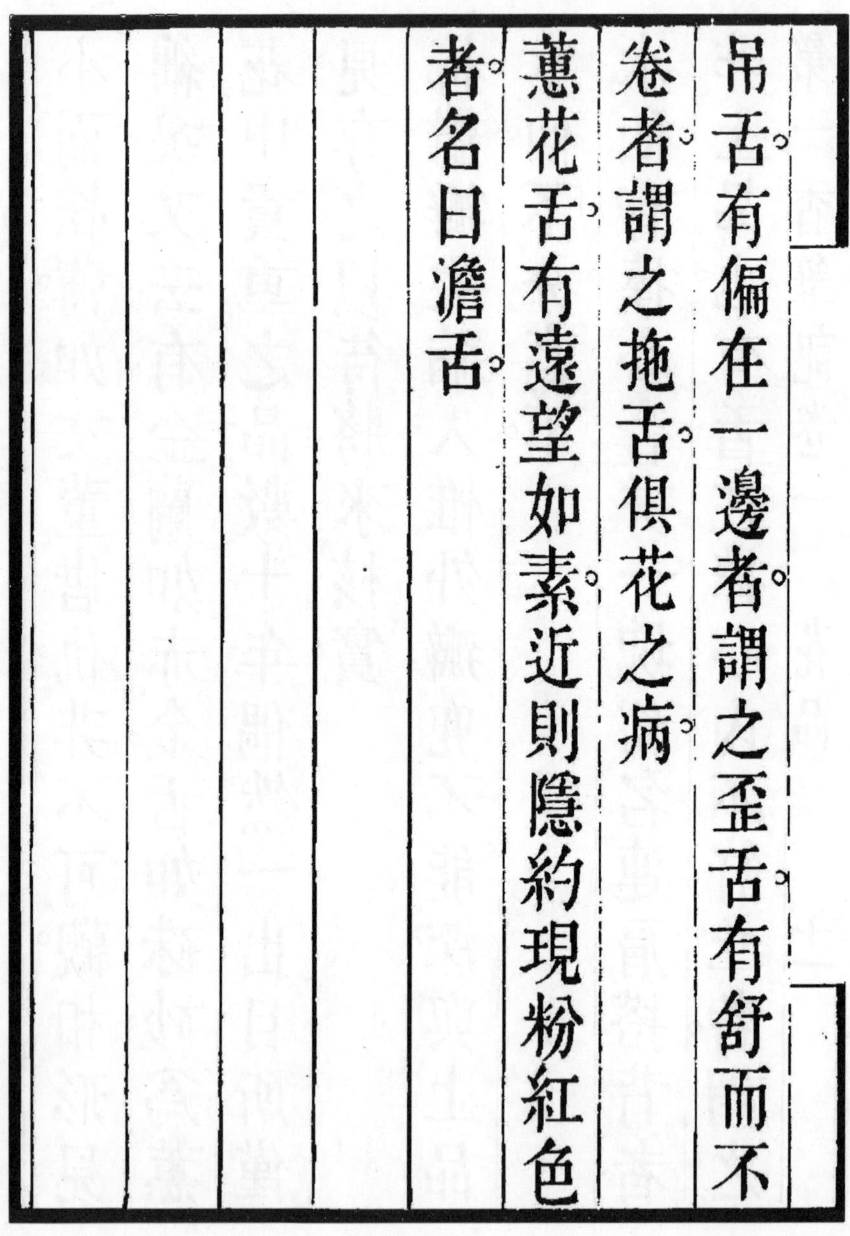

吊舌。有偏在一邊者。謂之歪舌。有舒而不卷者。謂之拖舌。俱花之病。

蕙花舌有遠望如素。近則隱約現粉紅色者。名曰澹舌。

本性

蕙性喜陽。須得上半日三時之曬。若冷天久曬亦可。至蘭則朝暾一二時足矣。俱須在透風處安放。

如盆不能移動。遇夏秋烈日。宜用木架上以蘆簾覆之。日過卽撤去。如遇淫雨以蓬遮蔽。雨過亦卽撤去。總須乾濕得宜。適花之性。則根葉自然繁茂。花亦不斷矣。

栽蕙盆宜大，使根葉舒展，且易得土氣。

一云：凡栽蘭蕙，須盆與花稱，因性喜潤而不喜濕。如盆大，恐雨後不能瀝水，數日難乾。須俟根葉逐漸長多，逐年換盆。

新花種一月後，方得土氣。葉之黄者，可轉緑。

蕙花得土氣，則老葉縮盡，子葉漸長。

凡蘭蕙子葉正在叢生之際，不可翻種分

種恐洩氣也老根出土處如小蒜頭謂之龍頭有龍頭方可分種一名蘆頭出山初種者爲新花盆中久植者爲服花又名復花蘭復不如新蕙復勝於新凡瘦山花養護得宜俱復勝於新

大抵蘭喜陰蕙喜陽然須探討花之本性或係陰山不宜驟曬或係陽山不宜頻雨瘦山驟肥則損肥山久瘦亦損違其性遂

其生失之毫釐。謬以千里。

蕙花種地惟南向庭中西偏。或假山或花壇上方能繁茂。嚴寒、仍用稻草蓋之。以護其葉。若無螻蟻傷根。經數十年愈茂。每花可得數十剪。然惟赤殼超瓣能之。

太肥則不花。太瘦亦不花。

建花畏冷畏風。冬末春初、尤甚。春風更畏。畏雪畏濕。

凡種新花、其根水浸既久、不可驟然著土。剪去腐斷者。剔去沙石茅竹諸根。置於新瓦之上、使水氣吸盡、方可入盆。

凡蘭蕙生於某處、即以某處之土種之、最妙。或云虞山子游泥與福山海口近、恐被海風吹、土性鹹寒、未盡善也。

淮南子曰、男子樹蘭、美而不芳。說者以蘭爲女類。故男子樹之不芳。蓋草木之性、蘭

花開若枝上蕊多留其壯大者去其瘦小者若留開盡則奪來年花信性畏寒暑尤畏塵埃葉上若有塵即當滌去羣芳譜

九月花乾處用水澆灌濕則不必十月至正月不澆不妨最怕霜雪更怕春雪一點着葉一葉就萎用篾籃遮護安頓朝陽日照處南窗簷下須兩三日一番旋轉取其

日曬均勻則四面皆花。羣芳譜同上則俱

論建花似可通於蘭蕙故錄之

莖葉柔細生幽谷竹林中宿根移植膩土。多不活即活亦不多開花其莖葉肥大而翠勁可愛者率自閩廣移來也非草蘭比。

花史

劉夢得詩光華童子佩柔軟美人心蘇子瞻詩春蘭如美人不采羞自獻不獨見蘭

之品。更能識蘭之性矣。

蘭爲王者香。香之祖也。蕙如君子。謂有德惠者也。故士大夫多好之。至於市井之徒。每遇春夏花出山。藉以取利。村南巷北。累百盈千。窮谷深山。販傭麕集。頓使幽芳奕奕。翻成逐臭之塲。吾爲衆花發一浩歎也。然使爬羅抉剔。不有若輩。又烏從而至於士大夫之前哉。物聚於所好。抑性使然歟。

嗜好家不奪於李唐來之所愛獨能注意於此亦可謂猶賢乎已

花性肥瘦惟視子葉之盛衰肥則萎爛瘦則羸弱與其過於肥而萎爛無寧失之瘦俾羸弱者尚可滋養以復其初也

花鏡謂苟得其性萬無不生之木不豔之花惟在分其燥濕高下寒暄肥瘠之宜此指大概而言不知衆花各有性卽一花亦

有性所謂性者。要不外於燥濕肥瘠四字。新花畏風。復花喜風。新花惡日。復花宜日。此先後之間。性之相反者也。夏秋不可乾。春冬不可濕。天寒宜曝。日烈宜陰。此四時之中。性之相反者也。

或云蕙喜向陽。初種之泥。須日中久曝極乾。上盆入土後。其剪可以頓長。此亦喜陽之一證。

種花之道。亦有過則失中者。每見人以蕙性喜燥一語。當盆土燥烈後。亦不卽施澆灌。以致子葉焦枯。老葉黃落。則根液已涸。後雖燥濕得宜。花已受病。

凡素花不喜肥。肥則無花。人不能識其性。反咎花之難發。不刺謬乎。

續博物志謂橘柚凋於北徙。石榴鬱於東移。花木之性然也。植蘭者烏可不知。

蕙蓝長時。花頭作彎弓狀者。將彎處向隅
以背陽光。則幹舒直。如再向外。仍如前將
盆旋轉。
花舌爲本。花瓣爲末。舌大者復花好。由本
正而末無不治也。
人以海虞種花得法。每競趨之。此眞貴耳
而賤目者。余曾親至其地訪之。其實平淡
無奇。用本山泥每年翻種一法。已採入培

養門內。此外不過調其燥濕。謹其蓋藏。別無奧妙。因知性卽理也。其理一而已矣。

第一香筆記卷二

吳郡朱克柔輯著

外相

江南蘭只在春芳。荆楚及閩中者。秋復再芳。故有春蘭。夏蘭。秋蘭。素蘭。石蘭。竹蘭。鳳尾蘭。玉梗蘭。春蘭花生葉下。素蘭花生葉上。至其綠葉紫莖。則如今所見。大抵林愈深而花愈紫耳。羣芳譜蕙花大抵似蘭花。亦春開。蘭先而蕙繼之。皆柔荑。其端作花。蘭一荑一花。蕙一荑五六花。香次於蘭。大抵山林中一蘭而十蕙。黄太史詩。風光轉蕙氾崇蘭。離騷言蘭九畹。蕙百畝。以是知楚人賤蕙而貴蘭。花史

蕙雖不及蘭。勝於餘芳遠矣。楚詞又有菌閣蕙樓。蓋芝草幹杪敷花有閣之象。而蕙花亦幹杪重重累積。有樓之象云。羣芳譜

相蕙十則

葉濶梗粗。濶而不厚粗而不圓 花開欹側。謂拗捩

赳赳庸夫胸無點墨。

莖細葉厚。厚而濶者 神氣完足正士端人。

內美歛束。如此者可望好花

葉厚稜稜。蕊生圓正。道義自肥。不失其性。

凡相花者不可執其意見宜以大勢觀之

飄飄欲仙。氣象萬千。伯樂相馬。以神寓焉。

素花當作如是觀

樹蕙百畮。雖多勿棄。欲拔其尤。惟聚於類。

蕙無外相者惟在多中揀取方能開出好

花

相士爲難。看花亦然。毋忽於近。舍旃舍旃。

不可以其無外相而忽之

濯濯芳姿。不假外貤。庸人自擾。誰識眞面。

此言識者不易

外觀有耀若奔厥角接其傾吐爽然睟既。

凡種花者皆然

一幹一花。幽芳絶俗。蕙亦稱蘭不辨菽粟。

稱蕙不可加以蘭字今俗多稱蕙蘭

一幹數花。蕙言爲彙。不列六經。惟蘭可貴。

蕙字六經無出而稱蕙必先蘭

衣殼

蘭殼貴薄。蕙殼貴厚。總須細膩爲主。

殼色須潤澤而光明。謂之有水色。蕙殼須緊包而潤厚。俗名元寶衣殼。象形也。殼尖起兜起稜者。花瓣必厚。小衣殼亦須潤厚而大。不起尖者可開水仙。小衣殼有深細綳紋者。花瓣開後能放潤。一云花瓣上有細綳紋。花開必厚而潤。

殼色

蘭素心者軟綠殼　又白殼　硬綠殼

綠脫殼　殼尖有綠色者　赤殼　俱能出

素花

蕙出素花。亦不論殼色。惟深綠者居多。

深綠　淡綠　白殼　竹葉青　竹根

青　荷花色　赤殼　深紫殼　大銀

紅　白赤殼　綠赤殼　赤轉綠殼

白轉綠殼　淡青　粉青

花色

深綠　淡綠　淡黄　玉瓣白如銀者

蠟瓣黄如蠟者　有如金色者　有如硃

砂紅者以上二種未見姑存之以備參

考

捧心　以軟者爲上。俗名觀音兜。鷄豆殼。

象形也。俱指軟捧心而言。

舌　以圓大者爲上。　蕙花舌。須沙綠底

版。舌上沙厚而亮。舌須濶大。厚而不甚捲者艮。

葉　須濶厚起溝到梢　葉尖轉濶有兜者爲上　葉色宜翠而有神　鐵線葉細而起溝到尖　葉厚索索有聲者佳　葉厚而軟者亦出好花　蕙葉出山即短濶者。花亦如之。

根　須白色。謂之出山根。粗細須與葉稱。

根白者俗謂之玉根。根黑者窖花也。隔年取置窖中交春裝簍賣之。亦有好花惜此根最難復耳。

花梗

蘭蕙梗細則好花而有態度。蕙梗稍粗不妨。若太粗則無好花。瓣雖潤而必薄。

凡有外相者。如衣殼極佳根葉並美之類。

至開花變壞者極多。不變者十不居一。無外相者。花開出色。百不居一。其出色處勝於尋常。如人不可以貌取。亦衣錦尚絅之意也。

有新花不佳。復出遠勝者。由捧心好舌頭大故也。

花蕋以短而圓綻爲上。平頂者所開不過超瓣。若荷花則蕋頭尖圓。瓣尖內折疊三四層。逐漸舒放。

凡細花不多。每剪不過五六朵。多至八九朵。若團瓣及小花頭。亦有十四五朵者。

花蕋初出土。有尖細硬殼對抱。謂之鷄嘴。逐層總包細蕋者。謂之大衣殼。

鱗次含蓋細蕋者。謂之小衣殼。細蕋漸透。謂之出殼。

蕙幹挺足。花蕋離幹。纍如貫珠。謂之排鈴。

短幹橫出。花心向外。謂之轉枆。

梗上細莖謂之簪。又謂之短脚。　簪底一點如露。謂之膏。　大瓣交搭。下露舌根旁露捧心處。謂之鳳眼。　花背謂之上搭。花胸謂之下搭。　上搭深則花瓣必濶而有兜。且開不落肩。　亦名前後搭。　大瓣謂之外三瓣。　小瓣謂之捧心。　捧心中間謂之鼻。　鼻下謂之舌。

花須迎面。朵朵俱向陽向上者爲妙。凡入

品花俱如此。

蕙花旁瓣包正瓣。蘭花正瓣蓋旁瓣。此大概也。若能反是。則開好花。

花瓣厚則有神。花色嫩則有態。凡復花必須愛護其葉。葉好則花之精采益見。

大概蘭蕙花瓣。俱須短濶。蘭之花頭。略小不妨。蕙則必須肥大。方有拔俗超羣之意。

蘭蕙葉。復出者較短。至數年後培養得法。

雄壯如舊謂之還山葉。

蕙花長潤葉。發剪宜高。方能相稱。其莖更要挺直。總須以花鎮葉。不可以葉凌花。

蘭如綽約好女。靜秀宜人。蕙如端莊年少。束帶立朝。蘭以幽勝。有雅人名士之風。蕙以興名。得蹀躞豪華之概。

蕙無映腮桃腮二種。惟刺毛素有之。舌無紅點。帶黃綠色。

蕙花小殼尖起細鈎者。亦開水仙。

殼色有竹葉青綠帶青色是也。竹根青綠

帶黃色是也。

或云蕙花不論肩側。試看花開肩落。有何

意味。故凡有品之花。無不兩肩偶儻。

市花者逢花開拗捩。用手屈之。使花瓣熨

貼。謂之動手。若出色花。花舒放自如。不假矯

揉。至於瓣薄者。雖時加屈抑。故態復萌。故

花須瓣厚爲貴。

刺毛素。復出間有淨者。亦有素花復出映腮者。故新花不足憑。必俟復出方準。

建花譜云。幹雖高而實瘦。葉雖勁而實柔。二語得其三昧。可云精於鑒賞者矣。推之蘭蕙。亦復如是。

花有神以靜而存。花有態。惟和爲貴。花有氣象磊落。崢嶸是尚。此得之相外者也。

山塘朱公盛開設花行數十年伊子覲光
冠羣昆季能世其業辨論花之容質頗能
委曲詳明見聞熟習可云善別花相者矣

培養

藝花之法。全在培養得宜。今旁搜博採。其說紛紜。惟願惜花人以活法參之。隨時珍愛。庶不令好花失所耳。

栽種須用乾細子游泥。根與盆口平。上蓋細泥。高出盆口二三寸。取其瀝水。栽時須將根下泥細細築實。不可使有空隙處。如一根不着泥。久卽蒸爛。餘根受傷。又不可任意屈伸。致根氣鬱遏不舒。栽時剪去爛根淨盡。活根長者並去其半。用清水洗淨沙泥。俟根上水跡乾透。然後入盆。則土氣易得。新根易生。翻種時亦然。盆底用圀圖新瓦。敲如盆底大小。下襯碎瓦一二層。如花瘦。瓦上先鋪粗塊酒罈泥寸許。但須隔年陳久者佳。一云用肥田內翻種之泥。

種後略停片時。使乾泥與根膠黏。然後印水。

初次印水。須從盆面輕輕灑勻。逐漸印下。約上半盆濕透爲度。隔半時再印數次。則全盆俱受水矣。有將盆置水中。俟盆面泥濕。然後取出者。恐太濕傷根。非良法也。

凡新花初上盆。印水已透。用檥條圈之上。覆草蓋。至六七日。天暖無風。方可取出。如遇大風及天冷。宜常圈蓋。否則衣殼乾枯。
花必慳縮。

蕙喜乾燥而向陽。蘭喜乾潤而向陰。故澆
灌時須視盆面土已燥烈。方可於沿盆徐
徐澆水。如大盆碗許。小盆一盞足矣。
自交九月下旬。須漸移向屋內。十月下旬
不可印水。如燥極略潤。水氣交立春後。方
澆水少許。正月後亦須漸移向外。如正月

月天氣寒冷。仍置屋內。不可出露。若二月下旬天氣晴和。間一二日出露。且可使受時雨。新花如此。復花亦然。

九十月宜移向陽處。頻曬之。正二月亦然。夜置屋內。嚴寒緊閉花房。不可透風。人謂花在山中。焉能如此。因有任其日曬雨零。不加培植。致數年無花。葉漸凋敗者。不知花之在山。在盆。如人有膏粱藜藿之

不同。試思藜藿之人。何曾攝養。若令膏粱
而作藜藿之事。鮮有不致困憊者矣。
常熟法每年用子游泥翻種。不須下肥。若
不能如其法。有花葉無神。不能透發者。須
用肥土法。其法不一。或用豆莢殼水。或用
百草汁。或用雞毛水。或用鹿糞浸水。俱須
於六七月內盆土乾透時。約有陣雨將至。
用肥水滿盆澆灌。俟大雨淋濯透足。如陣

雨不透。須用噴筒將積久雨水灌透。使肥氣向下。方無壅滯傷根之患。

或云於夏秋將河水澆灌。可以代肥土法。前用肥水豆莢味澀。百草味酸。雞毛氣腥。恐引蟲蟻。鹿糞即百草之意。用之亦不甚發。惟雞毛須隔年冬內浸至五六月。清澈絶無腥氣。方可用之。

摩詰種蘭蕙。用黃磁斗養。以綺石夫砂盆

固佳。若用石恐壓遏其根。必得大盆先將石疊好。然後加土栽種。布置疏密。高下得勢。足供清賞。

興蘭卽蕙草也。又名九節蘭。其葉長杭蘭大半。種之得宜。來年愈盛。揀大窠得氣者。將根洗淨。剪去一半。盆下細砂。上用鬆土。無不花者。花史

栽蘭用泥。不拘大要。先於梅雨後取溝內

肥泥。曝乾羅細備用。或取山上有火燒處。水衝浮泥。尋蕨菜待枯。以前泥薄覆草上。再鋪草再加泥。如此三四層。以火燒之。糞澆入乾則再加再澆。數次待乾取用。羣芳譜

一云將山土用水和匀。摶茶甌大煆紅。火煆者。恐蟻蚓傷根也。錘碎拌雞糞待用。如此蓄土。何患花之不茂。羣芳譜同上則俱

圭建花說

杭蘭惟杭城有之。花如建蘭香甚。一枝一花。葉較建蘭稍濶。有紫花黃心。色若胭脂。白花紫心。白若羊脂。花甚可愛。取大本根內無竹釘者。取橫山黃土。揀去石塊種之。見天不見日。澆以羊鹿糞水。花葉茂盛。雞毛鵞毛水亦可。若澆灌得宜。來年花發其香勝新栽者遠甚。一說用水浮炭種之。上

蓋青苔、花茂。頻灑水、花香、　羣芳譜

花史云。杭人取堆混堂促開。故花不香、

新蘭於正月內上盆。培養得法。立夏後子葉即可出土、

虞山子游墳、其土鬆潤。故蘭蕙宜之、然須取其浮面二三寸草根所着之、土方有肥氣、若深至五六寸尺許、者不堪用也、其色紫黑、篩去砂石。每年翻種一次。總能有花。

但要臨時取用。方得地氣。久則土膏乾竭。

不能有力。

蘭於春分後翻種、蕙於春分前翻種。自然

長茂、不必下肥、

海虞種花家因此居奇。養花易發、別無秘

妙。至其分賣與人。則用糞浸其根、或臨時

用糞水澆之。使花受病。當時不見其害、至

一年後無不萎絶。緣細花不肯傳種、亦由

心術之壞也。

凡蘭蕙復蕋出土，用箬葉作圈，隨蕋之長短罩之，亦常熟法云。防護衣殻，不使稍有損壞，且避鼠傷。

嘉興養花於空地上，用浮土一二尺許，土之厚薄，視盆之大小，下襯新瓦四張，俟花落後，將盆埋入土，與口平。夏秋用蘆簾以禦烈日暴雨，交冬不印水，週圍用磚逐漸砌高天冷封頂。嚴寒用乾土將四圍頂上擁遏踏結作一大土堆。上仍覆蓋。不令着雨雪。交春則漸去土磚。既得地氣不受冰凍。且花葉鮮嫩。無纖毫傷壞。但每年須用此法。方能長茂。若忽照常法養之。不但不發花。且易於萎耳。

一說埋盆不用浮土。平地將盆埋入四旁開溝瀉水亦可。

蕙花早種則不發。剪被風被冷亦然。花市俗談謂之不來。
或云新花初種盆泥須濕。如太乾恐花梗瘦縮。蕋多不放。
栽時根不宜深。亦不宜露。蘭根上浮土一二分。蕙根上浮土四五分足矣。
一云新花初種盆泥須結。俟花落後另用乾細泥翻種。則須鬆也。

本年子葉叢生，明年不能有花，又明年則花必茂。

有五六年無花，葉亦不甚發者，翻盆則茂。太肥不花者，子葉壯盛；太瘦不花者，子葉細弱，俱須翻種。種後肥者瘦之，瘦者肥之，無不花矣。

栽種之泥，必須乾燥。栽蘭者須陰乾後篩去粗塊。栽蕙者曬亦不妨，篩出之粗泥石塊。即可置於盆底、至於分栽建花。又須久曬。如附錄內所載可取法也。

凡蘭有花瓣不淨者、其法用箬作圈。將蓋圍繞旋以細乾泥。摻入。俟花蓋漸長。泥亦逐漸加高。至花將放時。然後去之。則花瓣之筋可滅。此係得之耳食。果否未曾試也。

建花畏蟻畏蚓。爲傷根也。蘭蕙亦足爲害。並宜如法除之。

凡用情於人者。人無不感而情動。至花亦
然。使澆灌得宜。久而弗懈。則以生以長。日
就蓬勃。惟恐用情。故當或有始鮮終。則人
實爲之。花亦索然意盡矣。

春布和風。夏施時雨。秋滋湛露。冬被陽曦。
天之培養也。朝注清泉。暮除莠草。熱加蔭
庇。寒謹蓋藏。人之培養也。右宜近林。左宜
近野。前迎南向。後障北吹。地之培養也。

一云新花本年不用澆肥。灌以雨水。夏秋間用河水澆之足矣。倘所發子葉瘦削。次年二三月方可澆肥。

細花不發。剪由肥氣勝於土氣。若不澆肥。總能有花。

海虞有以花爲業者。舍其耕耨。專事花叢。每逢佳種。不惜厚値購求。培植辛勤。性命依之。一俟花葉繁多。卽以分賣。往往價增十倍。故有田連阡陌。不如好花多得之說。
可見人心不古。舍本逐末。巧於取利如此。
澆灌有時。夏秋必於黎明。使盆土濕透。約
水氣得周。一晝夜爲度。春用六七分水。冬
宜乾而帶潤。若燥極。止須以三分水氣於
沿盆潤之。
種須鬆土。取其瀝水。且根氣舒展。新葉易
生。膩土栽之。往往不發。

一云取山黃泥燒透磨細如粉同礱糠灰和勻種素花最妙夏用豆汁澆之又與建花同法矣

花歷云凡栽種宜用六儀母倉滿收成開及甲子己卯戊寅己丑辛卯戊戌己亥庚子丁未戊申壬子戊午等日忌用死炁乙日建日破日火日並謹遵憲書不宜栽種之日栽蘭蕙者不可不知

凡盆花根盛則花衰、若蘭蕙有長根直下者。發花亦少。宜翻盆剪去。離葉根三四寸。勻鋪栗炭屑一層、然後種之。其根繁而不長、花亦能茂。

或云栽時花根入土深者。則根長而不花。及犯應忌之日、亦不發。剪俱須擇吉日翻種、

葉綠而黝者。傷於肥濕、葉黃而黷者、傷於

乾瘦惟色翠有神華然潤澤無一葉少損者由培植之功到也

予友花奴黃子嗜花有癖家植名品甚多賞鑒特真茲先登其辨論數條其餘當採入續編以補記中缺略云細花澆肥常熟用糞先須夜露月餘然後可用宜於春秋二分前後俟泥極乾從盆旁澆下不可使着葉根隨即如法淋濯透足下後須半月

不令日晒。否則萎爛，此外用肥各法。隨人活變。不可執一而論。

榴舫穆士華校對

第一香筆記卷三

吳郡朱克柔輯著

防護

嚴寒滴水成冰花。一受凍則根成空殼。子葉新蕋俱。即萎脫斷無復生之理。藏窨中則不受傷。如無花窨。藏花房中。須用礱糠埋盆在內。盆上礱糠高起寸餘。上以草圍罩之。沿牕冷氣。再用火爐禦之。不可透風。

或用大柴囤置盆在內。草蓋蓋緊。四圍厚擁稻草。仍須溫火烘之。總不可使根受氷。葉受風也。

凡冬三月。天將作冷作凍以前。最要留心。不可稍懈。

羣芳譜言蘭有四戒。春不出。夏不日。秋不乾。冬不溼。頗能得其大意。

春避風雪。夏避酷日。秋避燥烈。冬避凍結。

無論蘭蕙。皆宜如此。

久雨不可驟曬烈日。不宜暴雨。

盆面生草。宜隨時去之。長大根深。恐拔肥氣。細苔少留亦可。

春二三月無霜雪時。放盆在露天。四面皆得澆水。日曬不妨。逢十分大雨。恐墜其葉。用小繩束起。如連雨三五日。須移避雨通風處。四月至八月。須用疎密得所竹籃遮

護。容見日色通風。羣芳譜

梅天忽逢大雨、須移盆向背日處、若雨過即曬。盆內水熱、則蕩葉傷根。羣芳譜

冬作草囤。比蘭高二三寸、上編草蓋。寒時將蘭安頓在中。覆以蓋、十餘日得河水微澆一次、春分後去囤。只在屋內、勿見風。如上有枯葉剪去。待大暖方可出外見風。春寒時亦要進屋。常以洗鮮魚血水、并積雨

水。或皮屑浸水苦茶灌之。羣芳譜圭建蘭說

甌蘭種宜黃砂土。用羊鹿屎和水澆。若遇暑月。須每早澆以冷茶。常移盆四面曬。則四面有花。冬月當藏暖處。經霜雪恐凍傷其蕋。然較建蘭入窖。則不必矣。凡花開久香盡。即當連莖剪去。勿令結子。恐耗氣奪力則來年花不繁也。花鏡

二月分栽甌蘭。八月整頓建蘭。整頓謂換盆分栽也。九月霜降後。即宜漸移向暖窖矣花鏡

葉上生黑點。謂之蝨。建花生白點。亦有生細蟲者。若蘭蕙止生黑點。一由乾濕不調。一由院小墻高。侵受迴風。一由根有蟲蝕。急須翻盆移放別處。

若久旱不雨。葉上積有塵沙。則色不鮮澤。

久則壞葉。宜用花筒灌之。或含水噴之。以淨爲度。

春初遊蜂釀蜜。必採蘭鼻上珠以作蜜引。蘭被採去。如人無目。且易憔悴。故花之用罩。眞同天造地設。

蘭蕙有罩。如人端居華屋。精采煥發。用湘妃竹香楠木爲上。鸂鶒木水黃楊次之。紫檀紅木。未免煙火氣。四面隔護之紗。宜用輕綃。須重漆紗足矣。

罩內置盆宜高盆口離桌面高二尺許。罩須三尺五六寸高。方覺軒昂有勢。

或云設花之桌。宜較常桌高一尺。罩內小架七八寸。如此則罩宜照常。不必太高

盆用各色各式砂盆。罩內小架上用磚壓定。然後置盆。其上磚須細結。或方或圓或六角或八角。俱宜定燒。大小與盆稱。方合

欵式。

罩須一扇活動開門。罩頂另上裏面。以白紙拓之。

蘭每罩可兩三盆。蕙則一盆一罩。

建蘭莖葉肥大。翠勁可愛。其葉獨濶。若非原盆。必用山土栽之。取脚缺盛水中間安頓。恐根甜蟻傷也。水須一日一換。若起水皮則蟻可度。忽然葉生白點。謂之蘭蝨。魚

腥水。或煮蚌湯頻灑之。即滅去。夏月用醬
豆汁澆之。則花茂。花史
予得素花。捧心倍潤於外瓣。葉細而色微
黄。此瘦山花不得氣。如人之羸弱也。復出
果數倍於前。又素花捧心如鷄豆殼。花色
甚嫩。外瓣濶而兜。肩平一字。葉厚而短潤。
近土處緊細殊常。最爲出色。見者以白水
仙名之。以上二種。係甲寅新花。俱於丙辰

正月。因交立春略爲印水。驟遭嚴寒。受凍而萎。一時不及防護。悔之何及。誌此曷任悵悵。

凡花之高品不易得。得之而不加以防護。頓使葬玉埋香。可勝惋惜。筆記之作。半由於此。以之自儆。亦以儆人。惟願愛花者久而弗渝。有厚幸焉。

新花不宜見日。宜見雨。若種久因天冷不

發。將花莛遮蔽於日中略照半時。候盆土
微有暖氣即止。如花已放瓣。切不可曬。倘
近日光。并致枯槁。
凡細花雖愛養如法。不能每年發剪。惟得
舊葉青翠。新葉頻生。雖數年無花。久必有
莛。若因其不花而委棄之。是無恒心而以
成敗論矣。烏足與言種花之道哉。
蕙花葉長而下墜者。上盆後。宜作細篾圈

如盆口大。旁用細竿架起。隨葉之高下承之。庶不爲風雨摧折。或用粗銅絲亦可。所謂插引葉之架是也。

春夏秋三時。俱置庭中。如逢雨雹。急須遮護。倘被着葉。必致損壞。

極大陣雨。亦宜篷遮護。滛雨不止。移向廊檐避之。不可入屋。須透風也。

蕋被鼠傷。列於花之刼數。若花多罩少。宜

用枸橘葉滿鋪架上。然後置盆。或於沿盆口掛小鈴數枚。或於架上盆旁着飯粒糕餅之類。俱可免其殘齧。

凡花愈好。其根愈嫩。太乾太溼。易致受傷。嚴寒更須留意。人謂好花難復。不知調護失宜。此亦養花之通病也。

蕙花短幹下有膏一點。真同仙露明珠。往往爲蟻所逐。又有一種小蜘蛛食之。使花頓少精神。最要留心防護。又有自乾者。其花不能開足。

蘭蕙新花。並宜早落。久則奪力。致次年不能發花。蘭於開足後五六日。蕙俟頂花舒放。即須剪下。但好花不能久駐。未免怏悵於心。隨用舊磁瓶養之。轉可得十餘日清賞。明袁宏道著瓶史。內有浴花一法。以北方沙土撲案而然。若蘭蕙入瓶。宜頻頻浴

之則久而能芳

剪花用剪尖入土中着根處剪之隨用乾細泥摻入

花奴云蕙花過於肥濕則生蝨色黑者在葉面及近根處色白者散布葉背久則其葉或從根折斷或乾萎而黐急須用指輕輕刮去將竹籤裹以新綿醮水調蘇油塗之則不復生若晒花瘦花無此患也

雜說

花之宜

和風　幽居　同心共賞

旭日　美人　名士清談

花之刼

醉客翻盆　簪戴在醜女頭上

鼠子咬蓝　付與不會培養人

花之器

牀以安之　房以護之　筒以瓶之

架以蔭之　罩以飾之　牌以記之

花之忌

市儈鋪排索價　煙噴燭逼

俗人妄作評論　酒觸香侵

擺設衙齋

圖利轉賣

花之助

名茶數甌　壁掛宋元書畫

清歌一曲　庭栽蕭灑松筠

花之用

膏可代燭　蕙素花陰乾能催生

香可助茶　建蘭葉治虛人肺氣

按王仲遵花史左編。亦列花之宜忌等說。皆泛指各花。未免華而不實。此則專爲蘭言。非竊取也。

或謂水仙蘭二花爲夫婦。花水仙爲婦。蘭爲夫。見說部薛蘿事

蘭葉尖長。有花紅白。俗呼爲燕尾香。煮水浴療風。海錄碎事按此卽香草也

挂蘭。浙之溫台山中。巖壑深處。懸根而生。故人取之。以竹爲絡。挂之樹底。不土而生。花微黃。肖蘭而細。不可缺水。或云宜以冷茶沃之。花史

風蘭種小似蘭。枝幹短而勁。類瓦花。不用砂土。取竹籃盛貯。其大窠懸於有露無日之處。朝夕灑水。三四月中開小白花。將萎轉黃色。黃白相間。或云宜以冷茶沃之。或云用婦人髻鐵絲盛之。而以頭髮襯之。則花茂。又云此蘭能催生。將分娩掛房爲妙。
花史

按掛蘭卽風蘭。見羣芳譜。以上花史二則。

即採羣芳而作行文。且分掛蘭風蘭爲二。殊欠考核。姑錄此者。從其詳耳。

箬蘭葉似箬。花紫。形似蘭而無香。四月開。與石榴紅同時。大都產海島陰谷中。羊山馬迹諸山亦有之。性喜陰。春雨時種。羣芳譜

晉羅含字君章。耒陽人。致仕還家。階庭忽蘭菊叢生。人以爲德行之感。汗漫錄

霍定與友生遊曲江。以千金購籬貴侯亭樹中蘭花插帽。兼自往羅綺叢中賣之。士女爭買。拋擲金錢。曲江春宴錄

十步之內。必有芳蘭。見說苑。武帝目謝覽爲芳蘭竟體。見梁書。

家語。與善人居。如入芝蘭之室。久而不聞其香。與之俱化。又蘭爲王者香。不與衆草伍。

凡蘭皆有一滴露珠在花蕋間。謂之蘭膏。不啻沆瀣。多取則損花。羣芳譜

蘭花向午發香。建蘭葉喜人捋。則色綠。花鏡

竊蘭名者

玉蘭　澤蘭　樹蘭

木蘭　真珠蘭　賽蘭

地以蘭名

蘭皐　蘭若

蘭澤　蘭亭

人以蘭名

鄭穆公名蘭　杜蘭香

蘇蕙字若蘭　秦弱蘭

蘭以色名

金蘭　紫蘭即杭蘭之一種

朱蘭　青蘭花見太白詩

以上約舉之若誇多鬬靡作類書抄胥非立說之意也

甌蘭一名報春先多生南浙陰地山谷間葉細而長四時常青秋發蕋冬盡春初開花有紫莖玉莖青莖者一莖一花其紫花黃心白花紫心者酷似建蘭而香尤甚盆種之清芬可供一月故江南以蘭爲香祖若欲移植必須帶土厚墩方能常盛花鏡

蕙蘭。一名九節蘭。葉同甌蘭。稍長而勁。一莖發八九花。其形似甌蘭而瘦。卽香味亦不及焉。但後甌蘭而開。猶可繼武甌蘭。先建蘭而放。聊堪接續建蘭。則一歲芳香。半牕清供。可以綿綿不絕矣。其澆壅之法。亦同甌蘭。花鏡

羣芳譜云。杭蘭花紫白者名蓀。出法華山。朱蘭花開肖蘭。色如渥丹。葉潤而柔。黄粤

種也。

樹蘭木生。其香與蘭等。

伊蘭出蜀中。名賽蘭香。樹如茉莉。花小如金粟。香特馥烈。戴之香聞十步。經日不散。

俱羣芳譜

猗蘭操。蘭之猗猗。揚揚其香。不採而佩。於蘭何傷。

說文曰。蘭。香草也。離騷曰。紉秋蘭以爲佩。

又曰秋蘭兮蘼蕪又曰疏石蘭以爲芳王逸註蘭香草疏布也易曰同心之言其臭如蘭記曰婦人或賜之茝蘭則受而獻之舅姑家語曰芝蘭生於深谷不以無人而不芳君子修道立德不爲困窮而改節文子曰日月欲明浮雲蓋之叢蘭欲發秋風敗之孫卿子曰民之好我芬若椒蘭花史草木疏云蘭爲王者香草其莖葉皆似澤

蘭廣而長節節中赤高四五尺藏之書中
辟蠹魚故古有蘭省芸閣
羣芳譜云蕙一名薰草一名香草一名黄
零香卽今零陵香也蘭草卽澤蘭今世所
尚乃蘭花古之幽蘭也題詠家多用蘭蕙
而迷其實又云蘭爲世重久矣今世重建
蘭北方尤爲難致間得一本置之書屋愛
惜鄭重卽拱璧不啻也及詳閱載籍乃知

今所崇尚。皆非靈均九畹故物。

遯齋閒覽云。楚辭所詠香草。曰蘭曰蓀。曰茝曰葯。曰虈曰芷。曰荃曰蕙。曰蘼蕪曰江離。曰杜若曰杜蘅。曰揭車曰留夷。釋者但一切謂之香草而已。如蘭一物。或以爲都梁香。或以爲澤蘭。或以爲猗蘭草。今當以澤蘭爲正。山中又有一種如大葉門冬。春開花極香。此則名幽蘭。非眞蘭也。蓀則今人所謂石菖蒲者。藁蒻蘪芷雖有四名。正是一物。今所謂白芷是也。蕙即零陵香。一名薰。蘼蕪即芎藭苗也。一名江蘺。杜若即山薑也。杜蘅。今人呼爲馬蹄香。惟荃與揭車留夷。終莫能識。他日當徧求其本。列植欄檻。以爲楚香亭。

家紫陽楚詞辨證云。今按本草所言之蘭。雖未之識。然而云似澤蘭。則今處處有之。

蕙則自爲零陵香。尤不難識。其與人家所種葉類茅而花有兩種。如黄色者。皆不相似。大抵古之所謂香草。必其花葉皆香。燥濕不變。故可刈而爲佩。若今之所謂蘭蕙。則其花雖香。而葉乃無氣。其香雖美。而質弱易萎。皆非可刈而佩者也。

曾見四季蘭花葉稍覺細小。香亦遜於蘭。惟四時着花。

近年所出洋蘭。雖花葉壯盛。絕無韻致。且有臭無香。不堪賞玩。其培養與山蘭同。而差喜肥。

近日吳門風氣。花市傭販之徒。於行家買得原簍。零星折賣。一遇稍可把玩之花。即視爲奇貨。如有出色者。妄立名目。索價高昂。或有數萬錢。甚至數十萬錢。花價之豐嗇。全視子葉之多寡。若有一定焉。

新花時得出色者。有等好事之人。即於各處種花家鬬說名曰花螞蟻。

古人於蘭蕙。不過形於篇詠。間有好者。藉以娛心悅目。適一時之性而已。今則合志同方。甚而互相標榜。每年春三月。謂之花信。賢愚競逐。雅俗同之。豈物之盛衰有時。抑亦風會使然。不僅爭傳十里香耶。

蕙花植盆。惟得大塊根葉好者。次年方有

有復花。今市中揀花殼根葉相似者。并作大塊。甚有將斷蓝插入者。有將小塊紐作大提。殼色不等。每提十餘剪者。名曰立花。有將小蓝箝下。視花瓣闊狹。并心之素與否者。不知素花可見。而瓣花難憑。種種作僞。心勞。不可不知。

前列花之助一條。約舉未能詳盡。兹復重言申之。艮由愛護之至。一往而深。覽者當不以爲用情太過。厭其言之反覆也。

花開時臚列各花上品名種。雜然前陳。在觀者目不暇擊。艮屬快事。但旁窺竟同列肆。故花不在多而在好。又必旁加襯托。俾得益顯精神。凡與蘭同時花者。有梅花水仙。與蕙同時花者。有白桃躑躅。取其色之雅淡。或以瓶供。或用盆栽。於室中位置得宜。亦畫家烘染之意。此以花襯花法也。至於瘦竹數竿。幽情拔俗。靈芝三秀。逸氣凝仙。方玆朗潤清華。藉以映帶左右。凡在無花之品。更宜留意。此皆天然清供。人能取之不盡。使幽芳不致岑寂耳。

附花草之可與蘭蕙並植者并錄滋養之法於各條下

綠蕚梅　玉蝶梅　插瓶宜醃猪肉汁。

水仙　瓶中宜鹽水養。犯鐵器則花不

開。

千葉白碧桃　如作瓶供。將折處削尖。插於芋頭。或蘿蔔上。然後入瓶。

杜鵑　一名紅躑躅。性喜陰而惡肥。每早以河水澆之。置樹陰下。則葉青翠。切忌糞水。宜澆豆汁。

建竹　鳳尾竹　用瘦砂栽種。不可澆肥。五月十三爲竹醉日。八月初八及每月二十日皆可分盆移種。竹枝插瓶。瓶底加泥一撮。

靈芝 黄紫二色者。山中常有。堅實芳香。叩之有聲。初採者用籮盛飯甑上蒸熟。曬乾。藏之不壞。須將錫作管套根。插水瓶中則不朽。上盆亦用此法。

菖蒲 盆種者用金錢、虎鬚、香苗三種。性喜陰濕。畏塵垢油膩。尤畏熱手撫摩。宜用線捲小杖。時把其葉。霜降後須藏密室。或以缸蓋之。不見風雪。至春始出外。歲久不分。細密可愛。種訣云。添水不換水。見天不見日。宜剪不宜分。浸根不浸葉。又云春遲出。夏不惜。秋水深。冬藏密

黃山松　一名千歲松。產於天目。性喜燥。又宜向陰背日。不令見肥。則不長

大。

虎刺　產蕭山者佳。畏日喜陰。忌糞水。并人口中熱氣。宜澆梅水及冷茶。

黃楊　枝叢葉繁。四時長青。可供盆玩。

第一香筆記卷四

吳郡朱克柔輯著

引證

山谷記云。蘭似君子。蕙似士大夫。大槪山林十蕙而一蘭也。離騷曰。既滋蘭之九畹。又樹蕙之百畝。則知楚人賤蕙而貴蘭矣。蘭蕙叢生。蒔以沙石則茂。沃之以湯茗則芳。是所同也。至其一幹一花而香有餘者蘭也。一榦五七花而香不足者蕙也。余居保安僧舍。門牖於東西。西養蕙而東養蘭。觀者必問其故。故著其說。

邱愚山作牡丹志。引衆花爲輔。而不及蘭蕙。可謂識見淺陋。抑以淸品不敢褻慢耶。

張景修十二花客。以蘭爲幽客。

勾踐種蘭渚山。王右軍蘭亭是也。今會稽山甚盛。餘姚縣西南並江有浦。亦產蘭。其地曰蘭墅洲。自建蘭盛行。不復齒及。移入吳越輒凋。有善藏者。售之輒得高價。而香終少。見越絶書。

浙江蘭谿縣蘭陰山。多蘭蕙。

武義菊妃山。多蘭菊。

湖北蘄州有蘭溪。其側多蘭。

南昌府寧州內有石室。北多蘭茝。

蘭江在澧州。又名佩浦。地多蘭蕙。

敘州府石門山產蘭凡數種。又名蘭山。
蘭山在蜀敘州。蘭生於深林。以上見圖經
及羣芳花史各書
近來出蘭蕙處。攜販至蘇門者。縱浙居多。
其各山採產無常。或此山竭。取復至他山
搜羅殆徧。近如陽羨山中。則鮮好花。
劉次莊說樂府。又引離騷秋蘭兮青青。綠
葉兮紫莖。以爲沅澧所生。花在春則黃。在

秋則紫春黃不若秋紫之芳馥。花史

葉如莎首春則茁其芽長五六寸。其杪作一花花甚芳香。花史

水仙甌蘭之品逸。宜磁斗綺石置之臥室幽窻。可以朝夕領其芳馥。花鏡

宋羅畸元祐四年爲滁州刺史治廨宇於堂前植蘭數本曰予之於蘭猶賢朋友朝襲其馨。擷其英。攜書就觀引酒對酌。合

璧事類

吳孺子藏蘭百本。靜開一室。艮適幽情。見唐書。

唐龍朔年。改秘書省曰蘭臺。秘書郎曰省郎。見唐書。

東坡云。清泉寺在蘄水郭門外二里許。有逸少洗筆泉。水極甘。下臨蘭溪。溪水西流。故其詞有山下蘭芽短浸溪之句。

顏師古蘭賦、怪奇卉之靈德。稟國香於自然。灑嘉言而擅美。擬貞操以稱賢。詠秀質於楚賦。騰芳聲於漢篇。

王鳳洲作張應文續蘭譜序云。南中花木。意亦不大好之。顧獨好蘭。而不甚曉其事與所以滋培之理。友人有見貽者。至冬輒萎敗。亦任之而已。今從張君譜。稍得其事與理。

方宇作蘭傳云。姓蘭名馨。字汝清。號無知子。始祖國香。草姓也。其傳頗委曲有致。茲不備錄。

羣芳譜云。紫莖赤節。苞生柔荑。葉綠如麥門冬。而勁健特起。四時常青。光潤可愛。一荑一花。生莖端。黃綠色。中間瓣上有細紫點。幽香清遠。馥郁襲衣。彌日不歇。常開於春初。雖冰霜之後。高深自如。故江南以蘭爲香祖。又云蘭無偶。稱爲第一香。
楚辭言蘭蕙者不一。諸釋家俱爲香草。而
非今所尚之蘭蕙。竊謂如蘭畹蕙晦。氾蘭
轉蕙。蕙蒸蘭藉。以及蕙華曾敷。曾重也。言
蘭必及蕙。連類並舉。則爲今之蘭蕙無疑。
不然。香草甚多。類及者何不別易他名。而
獨眷眷於此。惟騷人擷秀揚芳。愛其幽貞。
不禁言之反覆。其他蒙茸芳草。不過偶一

及之。若遜齋蓋臣諸說。未可據爲定評矣。汪訒菴本草註云。山蘭爲花中上品。古今評者。列之梅菊之前。至於紉佩爲騷人托興之辭。卽引製芰荷以爲衣集芙蓉以爲裳。以證今之蘭蕙。未嘗不可紉佩。其說近是。故並錄之。

按舊說有春蘭秋蘭之名。或謂有至秋復芳者。以今考之。蘭芳於春。名副其實。蕙繼之開至立夏而止。當名夏蘭。至於建花入夏而開。至秋尚茂。則當名秋蘭。如此則諸蘭之名目。可以定矣。

汗漫錄載摩詰貯蘭蕙。用黃磁斗。養以綺石。累年彌盛。詩云。婆娑靖節窓。彷彿靈均佩。其視屈子所言之蘭。非若後人之以非蘭爲蘭明矣。

再按九歌春蘭秋菊。並稱。上文有傳葩代

舞之句。紫陽集註。謂春祠以蘭。秋祠以菊。
卽所傳之葩也。如此猶得指爲香草。而謂
非今所尚之蘭耶。
歐陽公洛陽牡丹記云。至牡丹則不名直
曰花。其意謂天下眞花獨牡丹。其名之著。
不假曰牡丹而可知也。吾於蘭蕙亦云。
荆楚歲時記。大寒三信。瑞香蘭花山礬。所
謂二十四番花信是也。

錢塘田藝蘅大書粉牌懸花間。有名花猶美人。可玩不可褻之語。眞能愛護者矣。今所用花牌插於盆內。將花之名目書之。并記栽種年月。庶花多者得有稽考。不致混淆焉。

古人如彭澤好菊。蓮溪愛蓮。白香山蓄竹有記。宋廣平梅花作賦。下此則牡丹譜。芍藥譜。梅竹譜。菊花譜。靈芝譜。建花譜。各有

專家。至於蘭蕙。自唐宋歷朝諸人之見於
歌詠者甚多。獨無專譜行世。則此遊戲之
作。或未免於好事歟。
李太白詩。若無清風生。香氣爲誰發。𠋫人
有引進之意。然已失蘭之品矣。不如夢得
蘭在幽林亦自芳句。獨占身分。至楊誠齋
建碧繽繽葉。斑紅淺淺芳。眞可謂味同嚼
蠟。

附錄

燕閒清賞

專論建花。凡栽蘭蕙。亦可以意採取。其字句未妥者。有刪改處。

天不言而四時行。百物生。蓋歲分四時生六氣。合四時而言之。則二十四氣以成歲功。故凡在穹壤者。皆物也。不以草木之微。使之各遂其性者。惟在乎人之乘氣候而生全之也。夫春爲青帝，回馭陽氣，風和日暖，蟄雷一震，土脈融暢，萬彙叢生，其氣有不可得而掩者。是以聖人之仁，順天地以養萬物，必欲使萬物得遂其本性而後已。人之於蘭亦然。故爲臺太高則衝陽，太低則隱風。前宜南面，後宜背北，蓋欲通南薰而障北吹也。地不必廣，廣則有日，亦不可狹，狹則蔽氣。右宜近林，左宜近野，欲引東日而被西陽。夏遇炎烈則蔭之。冬逢冱寒則曝之。下沙欲疏疏則久雨不能淹。上沙欲濡濡則酷日不能燥。至於插引葉之架。平護根之沙。防蚯蚓之傷。禁螻蟻之穴。去其莠草。除其縲網。助其新篦。剪其敗葉。此則愛養之法也。其餘一切窠蟲族類皆能蠹害。並宜除之。所以封植灌溉之法。詳載於後。天下愛養草木之生長。亦猶人焉。何則人亦天地之一物耳。閒居暇日。優遊逸豫。飲食得宜。泰然自適。以蘭言之。一盆盈滿。自非六七載培植。莫能至此。皆由人愛養之念不替。灌溉之功愈久。故根與壤合。然後森鬱雄健。敷暢繁宣。蓋有得之自然而然者。合焉欲分而析之。是裂其根荄。易其沙土。况或灌溉之失時。愛養之乖宜。又何異於人之饑飽無節。則燥濕干之。邪氣乘間。入其營衞。致不免於侵損。所謂向之寒暑適宜肥瘦得時者。此豈一朝夕之所能仍其舊哉。故必於寒露之後。立冬之前分之。蓋取萬物歸根之候。而其葉則蒼。根則老故也。或者於此時分一盆。吳蘭吝其盆之端正。不忍擊碎。因剔出而根已傷。曁三年培養。猶至困憊。於今深以爲戒。欲分其蘭。須碎其盆。

然後逐篦蔸內取出積年腐蘆頭。每三篦作一盆。盆底先用沙塡之。即以三篦蔸互相枕籍。使新篦在外。作三方向。却隨其花性之肥瘦。用沙土從而種之。盆面以少許瘦沙覆之。以新汲水一勺以定其根。更有收沙曬沙之法。此又分蘭之至要者。預於未分前半月。取土篩去瓦礫。曝令乾燥。或欲適肥。則淤泥沙可用。使糞夾和曬之。俟乾復濕。如此十度。視其極燥。更須篩過隨意用之。蓋沙乃多年流聚。雜居陰濕之地。久晒則得陽光。藺之驟爾分折。失性假陽氣助之。則來年叢篼自長。與舊葉比肩。此其效也。苟不知收晒之宜。用彼積掩之沙。或憚披曝。必至羸弱而葉黃者有之。不發者有之。積有日月。不知體察。其失愈甚。及其已覺。方始滌根易沙。加意調護。其能復不亦後乎。抑不知其果能復焉。如其稍可全活。又幾何時而獲遂其本質耶。故爲深愛惜之。特爲之言曰。與其於既損之後而欲復全其生意。寧若於未分之前而預全其生意。豈不省力。

堅性封植

夫蘭自沙土出者。各有品類。然亦因其土地之宜而生長之。故地有肥瘠。或沙黃土赤而瘠。或沙濡土潤而肥。有居山之巔。山之岡。或近水。或附石。隨地而產之。要在度其性何耳。不可謂其無肥瘦也。苟不能別自何者當肥。何者當瘦。強出已見。混而肥之。則好膏腴者。因而得其所養。花則轉而繁。葉則雄而健。所謂好瘦者。有不因肥而腐敗。吾未之信也。一陽生於子。荄甲潛萌。我則注而灌之。使蘊諸中者。稍獲強壯。迨夫萌英迸沙。高未及寸許。便從灌之。則蕺然而卓簪。暨南薰之時。長養萬物。又從而潰潤之。則修然而高。鬱然而蒼。若精於感通者也。秋八月之交。驕陽方熾。根葉失水。欲老而黃。此時當以濯魚肉。水或穢腐水澆之。過時之外。合用之物。隨宜澆注。使之暢茂。亦以防秋風肅殺之患。故其葉弱。拳拳然抽出。至冬至而極。夫人分蘭之次年。不發花者。蓋由洩其氣。則葉不長爾。凡善

於養花切須愛其葉。葉聳則不慮其花不發也。灌溉得宜

花史左編建蘭三法。

盆內先以麄碗碟覆之於底。次用浮炭鋪一層。然後用泥薄鋪炭上栽之。糝泥壅根如法。不可以手捺實。使根不舒暢。葉不發長。花亦不繁茂矣。乾濕依時用水澆灌。盆下有竅。不可着泥地。恐蚯蚓螻蟻入孔傷

花根。故盆須架起。令風從孔進透氣爲佳。

栽法

須九月節氣。方可分栽。分時用手劈。不開。將竹刀挑剔泥鬆。不可撥傷根本。十月時候。花已胎孕。不可分種。若見霜雪大寒。尤不可分。否則必至損花。分法

或河水池塘水。或積雨水。或皮屑魚腥水都佳。獨不可用井水。以性冷故也。灌時須

四畔匀灌。不可從上澆下。以致壞葉。四月有梅雨。不必澆。五月至八月。須早五更或日未出澆一番。黄昏澆一番。又須看花乾濕。濕則不必澆。恐過澆根爛也。葉黄用苦茶澆之。

澆法

用肥之時。當俟沙土乾燥。遇晚方始灌溉。候曉以清水碗許澆之。使肥膩之物。得以下漬其根。自無勾蔓逆上。散亂盤盆之患。

更能預以甕缸之屬儲蓄雨水積久色綠者。間或灌之。其葉涬然挺秀。躍然爭茂。盈臺簇檻。列翠羅青。縱無花開。亦見雅潔。羣芳譜

王敬美云。建蘭盛於五月。其物畏風畏寒。畏鼠畏蚓畏蟻。其根甜爲蟻所逐。養者常以水奩隔之。不令得入。子作一屋於竹林南。外施兩重草蓆。坎地令稍深。貯蘭於其

上。無風有好日。開門曝之。所蓄二三十盆。無不盛花者。其種亦多。玉魫爲第一。白幹而花上出者是也。次四季。次金邊。名曰蘭。其實皆蕙也。閩產爲佳。贛州蘭花不長勁。價當減半。

澆建蘭用雨水。河水。皮屑水。魚腥水。鷄毛水。浴湯。夏用皂角水。豆汁水。秋用爐灰清水。最忌井水。

養蘭口訣分十二月。每月七言四句歌一首。茲不備載。

忽然葉生白點。謂之蘭蝨。用竹針輕輕剔去。如不盡。用魚腥水。或煮蚌湯頻灑之。即滅。或研蒜和水。新羊毛筆蘸洗去。如盆內有蚓。用小便澆出。移蚓他處。旋以清水解之。如有蟻。用腥骨或肉。引而棄之。同上二則俱羣芳譜建蘭產自福建。花之名目甚多。或以形色。或以地里。或以姓氏得名。若年久苗盛盈盆。至秋分後。可分種。如梅雨連朝。則水太多。一遇烈日熱蒸。則根必爛。須移陰處。花鏡

燕閒清賞。余嘗謂天下凡幾山川。於人迹所不至之地。山坳石潭。斜谷幽竇。又不知幾何。其間多邁古之修竹。矗立之危杉。

雲煙覆護。溪澗盤旋。薜荔薇道。陽暉不燭。冷然泉聲。磊乎萬狀。隄圯之異。則所產之多。人賤之蔑如也。倏然經採於樵牧之手。見者駭然。識者從而得之。則必攜持登高岡。涉長途。欣然不憚其勞。中心之所好者。不能以歷險而置之也。其地近城百里。淺小去處。亦有數品可取。何必求諸深山窮谷。每論及此。往往啟識者雖有不避之誚。

母乃地邇而氣殊。葉萎花蠹。不能得培植之三昧者耶。是故花有深紫。有淺紫。有深紅。有淺紅。與夫黃白綠碧魚魫金稜邊等品。必各因其地氣之所鍾而然。故隨其本質而產之耶。抑由皇穹儲精。景星慶雲。隨光遇物而流形者也。噫。萬物散殊。亦天地造化施生之功。豈予可得而輕議哉。竊嘗私合品第而數之。謂花有多寡。葉有強弱。

此固因其所賦而然也。夫惟人力不到。則多者從而寡之。弱者又從而弱之。使夫人何以知蘭之高下。其不誤人者幾希。嗚呼。蘭不能自異。而人異之耳。如必執一定之見以品藻之。則有淡然之性在。然人均一心。心均一見。眼力所至。非可誣也。故紫花以陳夢良。吳潘爲上品。中品則趙十四、何蘭、大張青、蒲統領、陳八斜、淳監糧。下品則許景初、石門紅、小張青、蕭仲和、何首座、林仲孔、莊觀成、外則金稜邊、爲紫花奇品之冠也。白花則濟老、竈山施花、李通判、惠知客、馬大同、爲上品。所謂鄭少舉、黃八兄、周染、爲次。下品夕陽紅、雲嶠、朱花、觀堂主、青蒲、名弟、弱腳、玉小娘、是也。趙花又爲品外之奇。

陳夢良色紫，每幹十二萼，花頭極大，爲紫

花之冠。花三片。尾如帶。澈青。用無泥瘦沙種。清水及冷茶澆。稍肥卽爛。最難培養。

吳蘭。色紫。十五萼。幹紫莢紅。得所養則岐而生。葉高大。蒼勁可愛。花頭差大。性不喜肥。

潘花。色深紫。十五萼。幹紫。圓匝齊整。疎密得宜。花葉差小於吳。峭直雄健。衆莫能及。其色特深。與吳蘭俱須赤沙泥種。

趙十四色紫。十五萼。初萌甚紅。開若晚霞。亦名趙師博。

何蘭紫色中紅。有十四萼。花頭倒壓。不甚綠。

大張青莖青花。大性喜肥。宜半月一澆。

蒲統領花之中品。喜肥。宜半月一澆。

陳八斜花亦稍大。與大張青相類。

淳監粮　宜粗赤砂種

許景初　花不過九蕚

石門紅。荚紅莖紫。花亦楚楚可觀。

小張青。花青莖紫。

蕭仲和　莊觀成皆花之下品。喜肥宜沙

土種。

何首座。林仲孔。皆常品也。

金稜邊。色深紫。十二蕚。色如吳花。片幹差

小。葉亦勁健。自尖處各一線許。直下至葉

中。映日如金線。性喜肥。用黃粗砂更添些少赤砂泥種。

濟老色白。十二萼。標致不凡。如淡妝西子。不染一塵。葉似施花。高一二寸。又名一線紅。用糞澆泥。曬乾。兼以草鞋屑圍種。最喜肥澆。

竈山。十五萼。色如碧玉。花枝開展。昂然向上。每生並蒂花。幹最碧。葉綠而瘦。一名綠衣郎。
葉大施。花起劍脊最長。眞花中上品。惜不
甚勁直。種法同濟老。
李通判。色白。十五蕚。峭特雅淡。浥露迎風。
宜輕肥。
惠知客。色白。十五蕚。賦質淸癯。團簇齊整。
花莢淡紫。片尾凝黄。葉雖綠茂。但亦柔弱。
種用粗沙和泥夾糞則盛。

馬大同。色碧而綠。有十二蕚。花頭微大。間有向上者。中多微暈。葉肥厚。花幹勁直。亦名五暈絲。

鄭少舉。色白。十四蕚。瑩然孤潔。葉修而散。有數種。於花之多少。葉之軟硬。分高下。白花中能生者。無出於此。其花資質可愛。可謂花中翹楚。草鞋屑鋪四圍。種之累試甚佳。大凡用輕鬆泥皆可。

黄八兒色白十二蕚。幹弱不能支花。以杖扶之。須肥澆。

周染。色白十二蕚。與鄭花無異。但幹短弱耳。用溝中黑沙泥和糞種之則茂。

夕陽紅。八蕚。花片尖有凝紅色如夕陽返照。

雲嶠。以地名也。花只常品。

朱花。花莖俱紅。短葉婀娜。一幹九藘。乃粤種也。

觀堂主花白七萼。花聚如簇。葉不甚高。

青蒲葉雖濶而花只六萼。

名弟色白有五六萼。葉最柔軟。新葉長舊葉隨換。人不愛重。

弱脚。一幹一花。色綠。花大如鷹爪。入臘方開。薰馥可愛。

玉小娘花只六萼。葉亦瘦弱。惟色白耳。

黃殿講。一名碧玉幹。花色微黃。十五蕚。合并幹而生。有二十五蕚。幹雖高而實瘦。葉雖勁而實柔。亦花中上品也。

仙霞花似潘種。因產自仙霞嶺。故名。一云潘氏於仙霞得之。

魚魫蘭。十二蕚。沉水中無影。葉頗勁綠。此白蘭之奇品也。須山下流沙和糞種之。一云蘭質瑩潔。不須以穢膩澆之。

都梁。紫莖綠花。產自都梁縣西小山。以地名也。

玉整花。葉修長而瘦。色甚瑩潔可愛。白花之最能生者。用糞壤泥及河沙種之。蓋以紅土艮。一云即鄭少舉。

四季蘭。葉長幹青。微紫花。白質紫紋。自夏至秋相繼而開。冬亦偶花。不如夏秋之盛。

右譜序所列。次下花品。論形質處。闕略

頗多。茲採入記中。將以傳信。特爲如次
補輯。至敘中有未載者。復增列數品於
後。縱使尚論難憑。何必妄加删削。惟是
東吳南閩。道阻且長。未得身親目覩。攷
核詳明。苐於各譜中摘存品目。以備參
觀。遐心闕嶠。實未知果有此花否也。至
於近今攜販至蘇者。不過白花一二。及
魚魫大葉白大青等十數種而已。作者

語焉不詳。述者擇焉不精。名曰附錄。未堪據爲實錄也。硯漁識

榴舫穆士華校對

ISBN 978-7-5010-6445-8

9 787501 064458 >

定價：90.00圓